I0804043

SERPIENTES PELIGROSAS

SERPIENTES DE CASCABEL

Tracy Nelson Maurer

Traducción de Sophia Barba-Heredia

ÍNDICE

Un libro de El Semillero de Crabtree

CRABTREE Publishing Company
www.crabtreebooks.com

Apoyos de la escuela a los hogares para cuidadores y maestros

Este libro ayuda a los niños en su desarrollo al permitirles practicar la lectura. Abajo están algunas preguntas guía para ayudar al lector a fortalecer sus habilidades de comprensión. En rojo hay algunas opciones de respuesta.

Antes de leer:

- ¿De qué pienso que tratará este libro?
  - *Pienso que este libro es sobre serpientes de cascabel.*
  - *Pienso que este libro es sobre por qué las serpientes de cascabel hacen sonidos de cascabeleo.*

- ¿Qué quiero aprender sobre este tema?
  - *Quiero aprender cómo mantenerme lejos de las serpientes de cascabel.*
  - *Quiero aprender dónde viven las serpientes de cascabel.*

Durante la lectura:

- Me pregunto por qué...
  - *Me pregunto por qué a las serpientes de cascabel no les gusta que haga frío.*
  - *Me pregunto por qué algunas personas comen serpientes de cascabel.*

- ¿Qué he aprendido hasta ahora?
  - *Aprendí que las serpientes de cascabel deben mudar su piel para crecer.*
  - *Aprendí que ellas agregan un anillo a su cascabel cada vez que mudan la piel.*

Después de leer:

- ¿Qué detalles aprendí de este tema?
  - *Aprendí que las serpientes de cascabel comen ratones, pájaros y a otras serpientes.*
  - *Aprendí que a las serpientes de cascabel no les gusta el aire frío.*

- Lee el libro de nuevo y busca las palabras del vocabulario.
  - *Veo la palabra* ***escamas*** *en la página 4 y la palabra* ***cascabel*** *en la página 5. Las demás palabras del vocabulario están en las páginas 22 y 23.*

SERPIENTES DE CASCABEL

¡Ch-ch-ch-ch-ch-ch!

Una serpiente de cascabel agita su cola para decir «¡Apártate!».

Duras **escamas** cubren el cascabel.

Una **cascabel** puede sacudir su cola más de 50 veces por segundo.

Las serpientes de cascabel deben mudar su piel para crecer.

Las serpientes de cascabel agregan un anillo a sus cascabeles cada vez que mudan su piel.

Las serpientes de cascabel pueden ser de tonos tostados, café o gris.

Las serpientes de cascabel aguardan a su **presa**.

Las fosas del hocico les ayudan a rastrear el calor del cuerpo de sus presas.

Las cascabeles comen ratones, pájaros y a otras serpientes.

Filosos **colmillos** chorrean **veneno** mortal.

Estos **reptiles** se mantienen tan calientes o fríos como el aire alrededor de ellos.

El aire frío hace que las cascabeles se muevan más lento. Suelen calentar sus cuerpos con los rayos de Sol de la mañana.

La mayoría de las cascabeles viven en desiertos rocosos o en bosques.

Algunas personas comen serpientes de cascabel. ¿Tú lo harías?

Glosario

cascabel: Cascabel es un apodo para la serpiente de cascabel.

colmillos: Los colmillos son dientes largos y filosos.

escamas: Las escamas son piezas de piel pequeñas y duras que cubren los cuerpos de reptiles y peces.

presa: Una presa es un animal que es cazado por otro animal para alimentarse.

reptiles: Los reptiles son animales escamosos de sangre fría que respiran aire.

veneno: El veneno es una ponzoña pasada a través de una mordida o picadura.

Índice analítico

Sitios Web (en inglés):

https://kids.nationalgeographic.com/animals/reptiles/rattlesnake
https://easyscienceforkids.com/all-about-rattlesnakes

Acerca de la autora

Tracy Nelson Maurer

Tracy Nelson Maurer ha escrito más de 100 libros para lectores jóvenes. Vive en Minnesota, donde hace mucho frío para la mayoría de las serpientes peligrosas.

CRABTREE Publishing Company

Written by: Tracy Nelson Maurer
Designed by: Jennifer Dydyk
Editor: Kelli Hicks

Translation to Spanish: Sophia Barba-Heredia
Spanish-language layout and proofread: Base Tres
Print and production coordinator: Katherine Berti

Photographs: mask for snakeskin graphic on cover and pages © shutterstock.com/Merydolla. yellow triangle with snake graphic © Top Vector Studio/Shutterstock; Cover photo: © Steve Byland/Shutterstock; page 3 © Audrey Snider-Bell/Shutterstock; page 5 © Creeping Things/Shutterstock; page 7 © Chaikom/Shutterstock; page 9 © Susan Schmitz/Shutterstock; page 11 © Ali Iyoob Photography/Shutterstock; page 13 © Breck P. Kent/Shutterstock; page 15 © Audrey Snider-Bell/Shutterstock; page 17 © Edgar Figueiredo/Shutterstock; page 19 © Brian Magnier/Shutterstock; page 21 © Brian Magnier/Shutterstock; page 23 (bottom photo) © Joe McDonald/Shutterstock

Library and Archives Canada Cataloguing in Publication
Title: Serpientes de cascabel / Tracy Nelson Maurer ; traducción de Sophia Barba-Heredia.
Other titles: Rattlesnakes. Spanish
Names: Maurer, Tracy Nelson, 1965- author. | Barba-Heredia, Sophia, translator.
Description: Series statement: Serpientes peligrosas | Translation of: Rattlesnakes. | Includes index. | "Un libro de el semillero de Crabtree". | Text in Spanish.
Identifiers: Canadiana (print) 20210251190 | Canadiana (ebook) 20210251204 | ISBN 9781039619326 (hardcover) | ISBN 9781039619388 (softcover) | ISBN 9781039619449 (HTML) | ISBN 9781039619500 (EPUB) | ISBN 9781039619562 (read-along ebook)
Subjects: LCSH: Rattlesnakes—Juvenile literature.
Classification: LCC QL666.O69 M3918 2022 | DDC j597.96/38—dc23

Library of Congress Cataloging-in-Publication Data
Names: Maurer, Tracy Nelson, 1965- author.
Title: Serpientes de cascabel / Tracy Nelson Maurer ; traducción de Sophia Barba-Heredia.
Other titles: Rattlesnakes. Spanish
Description: New York : Crabtree Publishing, [2022] | Series: Serpientes peligrosas - un libro el semillero de Crabtree | Includes index.
Identifiers: LCCN 2021030073 (print) | LCCN 2021030074 (ebook) | ISBN 9781039619326 (hardcover) | ISBN 9781039619388 (paperback) | ISBN 9781039619449 (ebook) | ISBN 9781039619500 (epub)
Subjects: LCSH: Rattlesnakes--Juvenile literature.
Classification: LCC QL666.O69 M3818 2022 (print) | LCC QL666.O69 (ebook) | DDC 597.96/38--dc23
LC record available at https://lccn.loc.gov/2021030073
LC ebook record available at https://lccn.loc.gov/2021030074

Crabtree Publishing Company
www.crabtreebooks.com 1-800-387-7650

In Canada: We acknowledge the financial support of the Government of Canada through the Canada Book Fund for our publishing activities.

Published in the United States
Crabtree Publishing
347 Fifth Avenue, Suite 1402-145
New York, NY, 10016

Published in Canada
Crabtree Publishing
616 Welland Ave.
St. Catharines, Ontario L2M 5V6

Printed in the U.S.A./092021/CG20210616